CHAMBRE DE COMMERCE

DE CLERMONT-FERRAND

RACHAT ET EXPLOITATION

DES

CHEMINS DE FER

PAR L'ÉTAT

RAPPORT ET DÉLIBÉRATION

SÉANCE DU 7 OCTOBRE 1880

CLERMONT-FERRAND
TYPOGRAPHIE ET LITHOGRAPHIE MONT-LOUIS
Rue Barbançon, 2
1880

CHAMBRE DE COMMERCE

DE CLERMONT-FERRAND

RACHAT ET EXPLOITATION

DES

CHEMINS DE FER

PAR L'ÉTAT

RAPPORT ET DÉLIBÉRATION

SÉANCE DU 7 OCTOBRE 1880

CLERMONT-FERRAND
TYPOGRAPHIE ET LITHOGRAPHIE MONT-LOUIS
Rue Barbançon, 2
1880

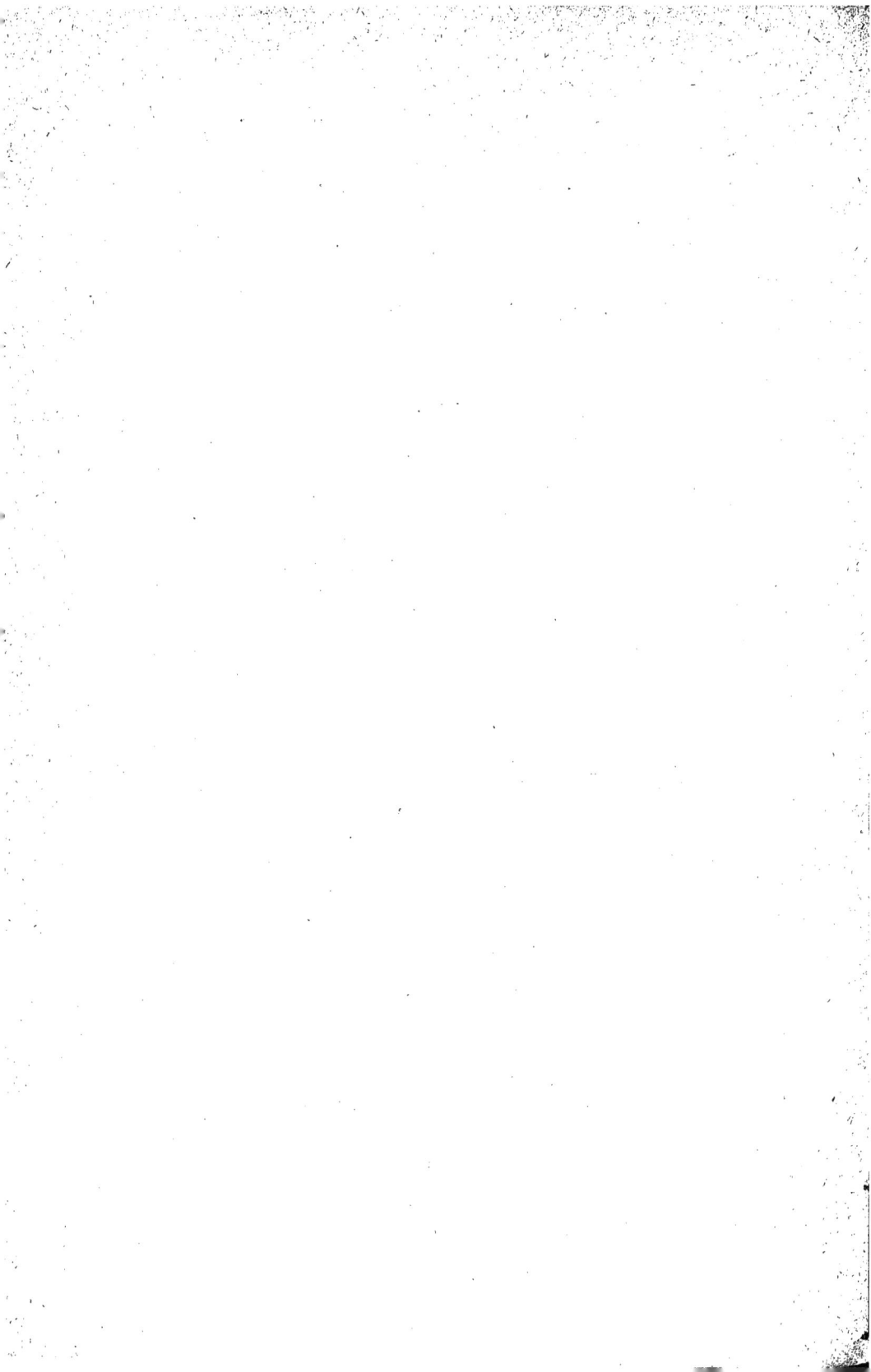

CHAMBRE DE COMMERCE DE CLERMONT-FERRAND

RACHAT ET EXPLOITATION

DES

CHEMINS DE FER

PAR L'ÉTAT

SÉANCE DU 7 OCTOBRE 1880

M. le Président donne la parole à M. Maurice Chalus, rapporteur de la Commision (1) chargée d'étudier la question du rachat et de l'exploitation des Chemins de fer par l'État.

M. Maurice Chalus s'exprime en ces termes :

MESSIEURS,

Dans notre dernière séance, nous avons déjà eu l'occasion d'exprimer combien, depuis 1789 surtout, chaque génération a lutté en faveur des idées décentralisatrices, plaidé courageusement l'indépendance de l'initiative pri-

(1) La Commission se composait de MM. Chalus, Chambe, Péret.

vée, la complète émancipation des forces individuelles, et le respect par tout gouvernement, quelle que soit sa forme, des idées d'invention et de perfectionnement.

Nous indiquions que certains monopoles survivraient et devaient nécessairement survivre à cette loi progressive, qu'il ne tomberait jamais sous le sens d'hommes raisonnables, que les choses dangereuses ou nuisibles, les produits qui doivent être mesurées à l'hygiène ou à la sécurité publiques, puissent devenir l'objet d'un libre commerce.

Mais nous protestions à l'avance contre toute innovation en vertu de laquelle l'État, fort de l'organisation qu'il tient du budget auquel chacun contribue pour sa part, se ferait le concurrent de l'entreprise individuelle.

Nous indiquions, avec des exemples à l'appui, que les essais tentés depuis dix ans, dans cette voie périlleuse, n'avaient donné que les plus tristes résultats, et que l'État n'avait pas le droit de monopoliser le trafic ou la fabrication de tel ou tel produit ou de tel ou tel article, au détriment de ceux à la profession desquels ces mêmes produits ou ces mêmes articles servent de raison d'être.

Or, ce respect des droits acquis, cette protection du patenté qui, sur son labeur quotidien, sur les risques qu'il encourt, sur l'effort de son intelligence et le jeu de son initiative, prélève tout d'abord au profit du budget national, une part que les lois de finances rendent de plus en plus lourde, nous les placions sous la sauvegarde autorisée de votre intervention, puisque vous êtes les gardiens naturels de tous les intérêts du commerce.

C'est sous le bénéfice de ces observations que nous abordons devant vous l'importante question du rachat et de l'exploitation par l'État des chemins de fer français.

Jamais, Messieurs, question plus grave, plus digne de vos préoccupations, ne fut soumise à votre examen.

En effet, la multiplicité, la rapidité, la sécurité et le bon marché des transports, n'est-ce pas là l'âme même de notre commerce, le complément indispensable de la richesse de notre sol et de la supériorité de notre fabrication ?

C'est donc, Messieurs, à la question qui vous occupe qu'est liée l'existence même de notre industrie, la faculté pour elle de transporter à prix débattu ses produits d'un point à un autre, et de continuer la lutte formidable qu'elle soutient contre la concurrence étrangère.

Il y a bientôt quatre ans, M. Christophle, alors ministre des travaux publics, portait à la tribune un projet de loi portant rétrocession à la Compagnie d'Orléans d'un certain nombre de lignes secondaires et locales, situées dans son réseau. — M. Lecesne prononce au cours de la discussion un discours plein de véhémence, dans lequel il posa le premier la question du rachat des chemins de fer par l'État. — Sans vouloir analyser ce document, nous vous donnerons une idée suffisante de la manière dont l'honorable député entendait mettre en pratique le système qu'il venait de développer avec tant d'ardeur, en vous disant que seule cette question ne l'avait pas occupé, et qu'interpellé sur ce point, il se contenta de répondre : « Quand nous serons possesseurs des chemins de fer, nous verrons quel usage nous en ferons. » Ainsi donc on demande à racheter tout d'un coup l'ensemble du réseau des chemins de fer français, à jeter la perturbation dans la fortune et l'industrie nationales, à mettre aux mains de l'État la responsabilité et la mise en œuvre de l'effort combiné de six grandes Compagnies fortes de l'expérience de trente-deux ans d'exercice, et de leurs immenses ressources ; mais quant à l'organisation de cette situation nouvelle, de cette entreprise aussi téméraire que colossale, nul n'y a songé, c'est affaire de l'administration, et une préoccupation aussi puérile ne saurait assaillir un parlement !

Il suffit, Messieurs, d'énoncer de semblables faits pour les apprécier à leur valeur ; mais ce qu'il y a de très-certain, c'est que la question soulevée par M. Lecesne devait porter ses fruits. Il y aura bientôt deux ans, l'État a racheté au prix de construction les lignes des Charentes, de la Vendée, d'Orléans à Rouen, d'Orléans à Châlons, dont la situation financière était dans un état d'effondrement assez complet pour laisser entrevoir, à une date imminente, le terme de leur existence.

Il convient d'ajouter, qu'en même temps le ministre des travaux publics s'empressait de déclarer à la tribune : « Nous n'entendons pas vous proposer de faire faire l'exploitation par l'État, c'est tout provisoirement par simple mesure transitoire, pour ne pas laisser des intérêts en souffrance, » etc., etc.

Quoi qu'il en soit, l'État entrait résolùment dans la voie de l'exploitation directe qu'il avait affirmé ne point vouloir tenter. Vous savez, Messieurs, quels furent les résultats de cette tentative ; l'État n'avait pris la place des petites Compagnies et ne les avait sauvées de la faillite que pour apprendre à ses dépens qu'il ne pouvait pas mieux faire, et les déficits s'accentuaient tous les jours.

C'est alors que le Gouvernement eut la pensée de développer le réseau du littoral Ouest, en se faisant céder par la Compagnie d'Orléans certaines lignes exploitées par elle et dont l'importance atteint 1,557 kilomètres. — Ces lignes ajoutées à celles déjà rachetées par l'État auraient constitué un réseau de 2,781 kilomètres d'une importance supérieure par conséquent à celle de tous nos grands réseaux, sauf le Lyon qui exploite 5,603 kilomètres.

D'après ce projet de convention, la Compagnie d'Orléans

abandonnait à l'Etat toute la part de son réseau située à l'ouest de la grande ligne de Paris à Bordeaux. L'Etat, de son côté, abandonnait les lignes qui lui appartiennent du côté Est, et concédait de plus à la Compagnie d'Orléans 3,000 kilomètres de chemins de fer à construire dans la même région. Ainsi, par cette convention, l'Etat devenait propriétaire des lignes de Bretagne jusqu'à Landerneau, des lignes de Poitiers à Rochefort et à La Rochelle, et de la ligne d'Angers à Niort qui, réunies aux siennes, constituaient entre la Bretagne et le Bordelais un réseau compacte, avec de très-grandes artères aboutissant, qu'on le remarque bien, à tous les ports du littoral de Brest à Bordeaux, tandis que la Compagnie d'Orléans ne conservait que Bordeaux.

Le 12 février 1880, cette convention était soumise à l'examen de la Chambre des Députés, et renvoyée par celle-ci à une grande Commission de trente-trois membres qui a pris le nom de Commission des chemins de fer.

Comme vous le voyez, Messieurs, on était déjà bien loin des promesses ministérielles ; non-seulement l'exploitation des chemins de fer par l'État était un fait accompli, non-seulement l'État lui-même demandait au Parlement l'extension de l'entreprise qu'il avait promis de ne pas aborder, mais ce qui est plus étrange encore, le Parlement dépassait les désirs du Gouvernement, et la Commission nommée par lui repoussait la proposition de rachat partiel de la Compagnie d'Orléans pour conclure au rachat total de cette Compagnie.

Un seul membre, l'honorable M. Ribot, homme de mérite et de courage, protesta au sein de la Commission contre cette funeste décision, sa voix ne fut pas entendue ; mais le monde des affaires, les hommes compétents en ces matières, toute la population intelligente et travailleuse ne pouvaient accueillir sans protestation une décision semblable. Toutes les Chambres de commerce, un grand nombre de Conseils généraux, les écrivains les plus autorisés de la presse financière et économique, l'élite des ingénieurs assemblés en comices se sont trouvés spontanément réunis dans une pensée commune de défense et de légitime sollicitude; leurs vœux unanimes, très-énergiquement exprimés parfois, ont demandé au Gouvernement qu'il ne fût rien changé au régime actuel des chemins de fer en France.

Votre Commission, Messieurs, s'est livrée à une étude approfondie de la matière, et elle n'a pas hésité à vous proposer de donner à ces diverses manifestations de l'opinion publique, une énergique adhésion.

Indépendamment de notre désir récemment affirmé de voir l'État se renfermer en matière d'industrie et de commerce dans la limite que lui a tracée notre droit public, de laisser à l'initiative privée un cours d'autant plus libre, que c'est au budget national en premier lieu que bénéficie son effort, il est facile de démontrer :

1° Que dans tous les pays où l'État a voulu aborder l'exploitation des chemins de fer, il n'a atteint que des déficits ;

2° Que dans l'essai tenté en France, les résultats n'ont pas été et ne pouvaient pas être meilleurs ;

3° Que l'exploitation des chemins de fer par l'État créerait aux porteurs des titres émis sous la protection et la garantie de l'État par les Compagnies existantes une situation injuste et préjudiciable ;

4° Qu'au point de vue budgétaire, la réforme en projet créerait au Gouvernement, quel qu'il soit, des charges écrasantes auxquelles le budget ne saurait suffire, sans la réouverture à bref délai du grand livre de la dette publique ;

5° Qu'en ce qui touche les intérêts du commerce,

l'omnipotence de l'État au point de vue de la propriété et de l'exploitation des chemins de fer serait pour tous les commerçants, pour tous les industriels, et même pour les simples particuliers , prohibitif de tout développement et de tout progrès , et de toute combinaison pouvant assurer la lutte contre la concurrence étrangère;

6° Qu'au point de vue national, l'extension exagérée de l'intervention du pouvoir central créerait à tous les citoyens qui ne seraient pas revêtus de fonctions publiques une situation vraiment précaire, restreindrait démesurément l'entreprise individuelle, et qu'enfin , en présence de l'organisation même de cette exploitation des chemins de fer, aucun dépositaire du pouvoir ne saurait se défendre des légitimes défiances auxquelles il serait exposé vis-à-vis de l'opinion publique.

En effet, les pays qui marchent depuis longtemps en tête du progrès et de la prospérité commerciale, l'Angleterre et l'Amérique ne peuvent comprendre que la question qui nous occupe ait même pu être sérieusement posée. L'initiative privée a seule fait les frais de la construction et de l'exploitation de leurs voies ferrées ; il en est résulté pour ces deux pays vraiment libres, quoique vivant sous l'empire de constitutions différentes, une émulation des forces individuelles qui n'est pas étrangère assurément au développement de plus en plus marqué de leurs voies de communication, de leurs moyens de transport, source de leur prospérité toujours croissante et du mouvement presqu'excessif pour nous de leur exportation.

Dans les pays, au contraire, tels que la Hongrie, l'Autriche, la Suède et la Belgique dans lesquels le gouvernement a cru devoir établir en concurrence de l'initiative privée un réseau d'État, le plus simple examen des tableaux du commerce suffit à constater que la supériorité dans la dépense est la seule que l'État se soit montré capable d'acquérir.

Ainsi, le coefficient d'exploitation pour l'année 1875, a été

En Allemagne :

Pour les lignes de l'État, de...... 64,68 0/0
Pour les lignes des Compagnies... 54,90
Différence en faveur des Compagnies...................... 9,78 0/0

En Hongrie :

Chemins d'État............... 68,88 0/0
Lignes privées............... 52,48
Différence. 16,40 0/0

En Suède :

Chemins d'État................. 70 0/0
Compagnies privées....... 60
Différence................... 10 0/0

En Belgique :

Réseau d'État................. 63,39 0/0
Chemins divers et notamment le N.-Belge................... 55,99
Différence............... 7,40 0/0

C'est encore dans ce dernier pays, imprudemment cité par les partisans du rachat, que les déficits annuels du réseau de l'État marquent de la façon la plus saisissante quelles sont les conséquences de ce genre d'exploitation des voies ferrées.

L'excédant de ses dépenses sur ses recettes a été :

En 1873, de 8,223,709 fr.
1874, de 6,047,734
1875, de 5,272,256
1876, de 2,962,143
1877, de 5,521,918
1878, de 3,542,402

Total du déficit en 6 années 31,370,162 fr.

Que dire maintenant des essais tentés en Alsace-Lorraine, si ce n'est que nos collègues de la patriotique cité de Nancy si bien placés pour en connaître, si intéressés à demander à toute réforme utile le meilleur moyen de réparer leurs désastres de la dernière guerre, sont peut-être ceux qui se sont le plus énergiquement prononcés contre le projet, déclarant que « la décision prise par la Commission de la Chambre des Députés a produit dans le monde industriel et commercial de leur région une impression de véritable inquiétude. »

Nous l'avons dit, Messieurs, les essais du Gouvernement n'ont pas été plus heureux; les 1,591 kilomètres rachetés avec l'argent des contribuables, ont produit pendant le premier semestre de 1879, 6,799,000 francs, soit un peu plus de 4,000 francs par kilomètre. Si on tient compte de ce que le second semestre est en général supérieur au premier, on arrive à une moyenne de 9,000 francs de produits bruts par kilomètre, ce qui laisse supposer à grand'peine 1,500 francs ou 2,000 francs de produit kilométrique net ; or, ces lignes ont coûté environ 200,000 francs le kilomètre.

Pendant la même période, si on jette les yeux sur les dividendes distribués par les grandes Compagnies, on voit qu'ils n'ont subi aucune diminution, et que leurs titres, malgré la perturbation si légèrement jetée sur leur marché par l'apparition de la question qui nous occupe, se maintiennent en hausse avec la plus grande fermeté.

Enfin, sans aller chercher un autre exemple que celui de la petite ligne d'intérêt local que possède notre département, enfermée dans son réseau si malheureusement restreint, elle doit à son administration active et intelligente, d'avoir, dès la première année, réalisé des bénéfices relativement inespérés et de les voir progresser chaque jour. Tous ces détails, Messieurs, avec le rapport de l'honorable M. Wilson, sollicitant des Chambres des emprunts au réseau de l'Orléans, afin, dit-il, de ne pas exploiter à perte le réseau qu'il a tant contribué à faire racheter par l'État, nous dispensent d'insister davantage.

C'est maintenant ici que se place tant naturellement la question dans laquelle les partisans du rachat ont cherché pour leur système un étai principal, je veux parler de l'unification des tarifs. C'est précisément un des plus graves motifs qui ont entraîné vers le rejet la décision de votre Commission.

En effet, si l'État était le maître absolu des chemins de fer, nous verrons plus loin que le tarif des transports, soit des voyageurs, soit des marchandises, ne serait dans ses mains qu'un moyen fiscal. Débarrassé de tout contrôle et de toute combinaison destinée à se préserver d'une concurrence quelconque, l'État pourrait toujours régler à sa guise le prix de la circulation et le commerçant qui livre où reçoit des marchandises, le voyageur qui se rend d'un point à un autre seraient absolument désarmés devant ses exigences.

Mais ce qu'il convient surtout de mentionner c'est qu'il faut passer systématiquement sous silence toute la législation qui régit l'établissement des tarifs de chemins de fer pour invoquer un argument semblable.

Aux termes de l'ordonnance du 15 novembre 1846, les Compagnies doivent donner avis de leurs projets de tarifs au ministre des travaux publics, aux préfets des départements et aux commissaires du Gouvernement, c'est-à-dire aujourd'hui aux inspecteurs chargés du contrôle de l'exploitation commerciale des chemins de fer. — Rien ne serait plus intéressant que de suivre avec vous les formalités auxquelles sont assujettis les tarifs des Compagnies, et d'étudier l'ensemble de notre législation sur ce point ; mais cet examen nous entraînerait bien loin et pour ne pas imposer à la Chambre un gratuit abus de ses instants, il nous suffit d'en retenir deux choses :

1º C'est que tous les tarifs sont soumis à l'inspection du contrôle, à l'examen des Chambres de commerce, à des délais rigoureux d'affichage et de publicité pour assurer la connaissance du public.

2º Qu'ils sont toujours révocables, leur homologation n'étant jamais accordée qu'à titre provisoire. — Il en résulte que c'est à tort que l'honorable M. Wilson s'appuie sur la question des tarifs pour étayer son projet de réforme, le Parlement ne pouvant accorder au Gouvernement un droit dont il est déjà pleinement investi. Le ministre n'aurait qu'à retirer aux tarifs en vigueur sur le réseau de l'Orléans, l'homologation dont ils jouissent, et le rival dont se plaint le réseau d'État devrait obtenir de son redoutable voisin une sanction qui pourrait toujours lui être refusée. — Les Compagnies qu'accusent avec tant de véhémence les partisans du rachat, sont donc, vous le voyez, Messieurs, beaucoup moins libres de leurs tarifs qu'on ne pourrait le supposer, et l'honorable rapporteur eût été mieux inspiré en cherchant la cause des pertes du réseau d'État comparées avec les bénéfices croissants de l'Orléans dans l'inaptitude reconnue de l'État à produire et surtout à gérer aussi économiquement que l'entreprise individuelle.

Enfin, les porteurs actuels des titres répandus par les Compagnies dans le public sous forme d'actions ou d'obligations, constituent pour une part imposante la représentation de la fortune mobilière en France, chacun de ces porteurs s'est rendu librement acquéreur de son titre, il a traité ferme avec une Compagnie déterminée. Ce serait donc contre son gré, et en dehors de toute participation de sa part, qu'il se verrait brusquement séparé du débiteur qu'il a choisi, remplacé par le Gouvernement lui-même, et cela vaut l'expiration de son contrat. Sans vouloir examiner jusqu'à quel point on pourrait faire concorder cette métamorphose avec les termes de la loi du 3 mai 1841, qui règle l'éviction de la propriété privée au profit de l'utilité publique, nous avons le droit de dire que, si les porteurs des actions ou obligations de chemins de fer avaient voulu placer en rentes ou en fonds étrangers leur épargne disponible, ils l'auraient fait de leur propre mouvement, le choix du débiteur étant pour le prêteur un droit qu'on ne saurait lui contester. A cela les défenseurs du rachat répondent que nulle entreprise ne saurait offrir une garantie semblable à celle de l'État; que, du reste, il résulte des calculs de M. Wilson que le revenu de l'action de l'Orléans remboursé ne baisserait pas de plus de 2 à 5 francs. Cette réponse, Messieurs, ne saurait être accueillie. A supposer que les porteurs de titres soient remboursés, valeur du cours du jour du remboursement, et que satisfaction leur soit imposée, sous le prétexte que toute chose ne vaut que sa réalisation, ils auraient toujours le droit de répondre que le titre dont ils sont porteurs les aurait, à supposer qu'ils le gardent

en portefeuille, associés pour une période de 77 ans aux
bénéfices annuels de leur Compagnie. Ces bénéfices se
répartissent non-seulement en distribution de dividendes
ou en paiement de coupons semestriels, mais aussi en
une part éventuelle des réserves constituées tous les ans,
par les prélèvements statutaires, les impenses de toute na-
ture, et l'amortissement annuel par voie de tirage au sort.
Cette part si importante de leur avoir social leur étant
enlevée, est-il permis de dire qu'ils ne supportent pas de
préjudice ?

Que dire maintenant, Messieurs, de la situation budgétaire dans laquelle se précipiterait l'État s'il entreprenait
l'exploitation après rachat des 25,000 kilomètres qui
forment le réseau actuel !

En prenant simplement pour base le rachat de l'Orléans, puisque c'est le seul dont il ait été franchement
parlé, nous nous trouvons en présence des chiffres sui-
vants :

1° Une annuité de 80 millions à payer à la Compagnie pendant 77 ans ;

2° Un capital de 69 millions à payer comptant si on
calcule que les 69 millions à payer comptant pourraient
être représentés, amortissement compris, par une annuité
en 77 ans de...................... 3.400.000

On voit que l'Etat payera par an...... 83.400.000

Le produit de l'Orléans étant de....... 81.500.000

Il en résulte un déficit d'environ....,, 2.000.000

Mais pour s'en tenir là, il faut, comme l'honorable
rapporteur, estimer que le produit net de la ligne exploi-
tée par l'État continuera sa marche progressive. Or,
nous avons démontré avec l'immense majorité des hommes compétents en ces matières, que dans les mains de
l'État la Compagnie d'Orléans verrait fatalement dimi-

nuer ses bénéfices. On se trouvera donc devant des dépenses plus grandes et des bénéfices amoindris, en présence
de déficits qui balanceront bientôt l'économie qui pourrait résulter pour l'État de la cessation de sa garantie.
Enfin, Messieurs, si l'on adapte l'exposé qui précède aux
cinq grandes Compagnies : le Lyon, le Nord, le Midi,
l'Est et l'Ouest, qui composent avec l'Orléans le réseau
actuel, on voit qu'à notre budget actuel ordinaire de
deux milliards 750 millions, à notre budget de dépenses
sur ressources spéciales de 5 à 600 millions, à notre
budget sur ressources extraordinaires de 500 millions,
on joindrait un quatrième budget, celui des chemins de
fer qui s'élèverait à lui seul à plus d'un milliard, dépasserait bientôt ce chiffre devant les déficits accumulés de
chaque exercice, et l'ensemble du budget annuellement
soumis aux Chambres, approcherait de cinq milliards.
Or, Messieurs, l'État aborderait actuellement cette situation colossale avec un passif qui s'élève déjà à vingt-six
milliards. Il n'est donc pas contestable que cet État que
nous vous avons démontré impuissant à construire,
à créer, et surtout à gérer économiquement, à faire
avec profit acte de commerce, serait, à bref délai,
obligé de recourir à l'emprunt et de combler, avec de
nouveaux appels au crédit public, le déficit de chaque
année.

Le rentier devrait, pour maintenir la prétendue garantie de ses avances antérieures, apporter comme contribuable, de nouveaux versements aux guichets du Trésor,
et se trouverait cependant moins malheureux que l'imposé sans fortune, lequel ne possédant aucune rente, ne
trouverait dans cette situation qu'une surcharge d'impôts,
sans aucun profit pour lui.

Nous avons vu, Messieurs, quelles seraient pour l'État
t pour les contribuables les conséquences du projet,

voyons maintenant de quel poids il pèserait spécialement sur le commerce.

Dans l'état actuel des choses, les différentes Compagnies de transports auxquelles s'adresse le monde des affaires sont elles-mêmes, en les envisageant au point de vue de leur individualité, de simples commerçants ; il est donc permis de traiter avec elles de gré à gré, de discuter, de transiger, etc. — Aujourd'hui, malgré une jurisprudence très-favorable aux Compagnies, le commerçant porte son litige devant le tribunal de commerce ; s'il perd son procès, il en est quitte pour se ranger dans la phalange des plaideurs malheureux, maudire son juge et se mettre mieux en règle pour une autre fois. — Mais, Messieurs, le nombre des litiges existant entre les Compagnies et le public, est d'environ 8,000. — Quelque bien administrées que puissent être les lignes aux mains de l'État, quel que soit le soin apporté par le personnel employé dans l'application des tarifs et l'expédition des marchandises, on ne peut admettre la réduction dans le nombre des litiges, il y aura toujours en matière de transports un vaste champ ouvert aux retards, aux avaries ou aux discussions sur les taxes.

Or, on se plaint aujourd'hui de l'omnipotence des Compagnies, de leurs prétentions draconiennes, de l'influence que leur donne sur les litiges, au point de vue du contentieux, la puissance de leur organisation. Mais, que dira-t-on de l'État pris comme adversaire au contentieux, qui de vous, Messieurs, ne garde le souvenir d'une difficulté à vaincre envers le fisc, la régie ou l'enregistrement ? Or, le négociant qui, pour se faire indemniser d'un coulage extraordinaire, d'un retard d'expédition, de la perte ou du bris d'un colis, rencontrant comme adversaire le fisc ou l'administration, trouvera-t-il un gage de réussite dans

cette juridiction administrative que la Chambre de commerce d'Orléans qualifie de suspecte ?

Chaque plaideur sera très-prévenu à l'avance contre un adversaire qui s'appellera l'État, aura le droit de plaider sans frais, tiendra dans sa main le sort, la fortune, l'avenir de ses juges, et aura toujours pour dernier argument le droit d'enfermer la partie adverse dans cet invincible étau dont la base est représentée par un décret et le couvercle par le fonctionnaire qui l'exécute.

Enfin, Messieurs, sous l'empire d'une législation semblable, le plaideur condamné aura toujours un dernier refuge. Il s'en prendra à l'autorité, au préfet, au ministre, au gouvernement tout entier. On sait déjà que les solliciteurs sont si nombreux, que beaucoup de députés ont dû se pourvoir de secrétaires, ils devront organiser des bureaux, et vous voyez d'avance quelles portes ouvertes aux transactions, aux compromissions, aux faveurs, vous voyez à bref délai un état de choses sur lequel MM. Baihaut et Richard Waddington ont voulu, dans deux rapports pleins de brillantes promesses, jeter un voile factice, et enfin, c'est ce que l'on cherche, l'État acculé à une situation désespérée, renoncer brusquement à poursuivre son œuvre, et se jeter dans les bras de Compagnies nouvelles que les deux honorables députés appellent déjà des Compagnies fermières à titre auxiliaire.

Messieurs, si c'est là l'issue fatale du projet et le but de ses auteurs, comment justifier la suppression de ces grandes Compagnies, à l'œuvre desquelles notre commerce doit son admirable essor ? Pourquoi se priver de cette organisation si puissante, de ce précieux concours que le Gouvernement, dans la dernière guerre, a trouvé si complet et si dévoué, annuler par anticipation le bénéfice de leur expérience, de leurs réformes, de leurs travaux quotidiens, alors qu'à l'expiration de leur contrat, l'État est assuré de voir tomber naturellement dans ses mains le fruit de leur laborieuse carrière.

Pourquoi, au lieu de tout détruire, ne pas amender le plus possible le service de ces Compagnies, en multipliant les moyens de surveillance et de contrôle, en cherchant à conquérir une plus grande simplicité et une uniformité plus complète dans les tarifs, en obtenant, par exemple, la suppression du droit de transmission d'une Compagnie à l'autre, surtout pour les expéditions par wagons complets? Au comptage kilométrique devant se souder d'une Compagnie à l'autre pour les distances au-dessus de cent kilomètres, diminuer le nombre de jours que prennent les Compagnies, lorsqu'il y a lieu de recourir à des tarifs spéciaux, etc.; enfin et surtout forcer l'allégement des tarifs de la petite et de la grande vitesse, en supprimant l'impôt qui grève encore cette dernière et qui s'élève à 23 0/0.

De plus, l'État, maître du réseau exploité par les Compagnies, seul garant aux frais et risques du Trésor public, de leur capital dont il se sera déclaré responsable, reçoit de ce chef, et à supposer qu'il ne s'aventure pas plus avant dans cette voie déplorable, reçoit, disons-nous, la charge de deux cent mille employés de tous ordres venant grossir les rangs de ce fonctionnarisme dont tous ceux qui ont traité la question qui nous occupe ont cru devoir signaler le danger.

Depuis l'ingénieur de la voie, le chef du mouvement, le directeur de l'exploitation, jusqu'à l'humble garde-barrière ou au modeste homme d'èquipe, chacun devient, par simple insertion au *Journal officiel*, fonctionnaire de l'État, lui doit obéissance et fidélité, et se trouve soumis à toutes les fluctuations de la vie administrative, suivant les idées ou les tendances des majorités qui, de par l'impression du suffrage universel, pourront se succéder au pouvoir.

Comment aussi ne pas jeter les yeux sur les industries intimement liées aux voies ferrées? L'Etat, maître des chemins de fer, ne voudra-t-il pas cumuler ses fonctions de seul entrepreneur de transports, de seul emprunteur des fonds publics, avec celle de seul fabricant des rails, machines, wagons, etc., etc.? Lancé dans cette voie, où s'arrêtera-t-il? Nous avons dit, au début de ce rapport, que l'État ne devait intervenir dans les affaires du domaine public que dans un but de protection égalitaire, qu'il devait borner son intervention à l'assurance de la sécurité du territoire, et à l'observance impérieuse pour tous des lois du pays. Or, Messieurs, que deviendrait ce principe si, par impossible, la Chambre et le Sénat adoptaient le projet qui vous est soumis?

Quant à ceux qui n'auront pas eu la fortune de compter, sur les degrés de l'édifice social, un protecteur quelconque, le droit à la médiocrité et à la déchéance progressive reste leur apanage. L'esprit d'initiative et de perfectionnement, l'ardeur d'invention, l'esprit de recherche stimulé par une forte concurrence, tout cela devra relever de l'omnipotence officielle et se rejeter humblement dans l'ombre, sous la simple impulsion d'une signature administrative.

L'État, une fois maître de l'épargne nationale, par sa qualité d'unique emprunteur, de son mouvement même, par suite de l'exagération des lois de finances et de l'érection de l'administration des postes en une émission de papier monétaire, n'a pas de raison de s'arrêter dans cette voie. Il peut tout aussi bien chasser de leurs professions, pour s'en arroger l'apanage, ceux qui vivent de l'exploitation des mines, ou des assurances des transports maritimes, de l'imprimerie ou de la banque, de la fabrication des textiles ou du commerce des denrées coloniales, et enfin transformer la nation en un vaste corps de fonctionnaires à divers degrés.

Presque toutes les Chambres de commerce ont énergiquement exprimé le danger de semblables tendances; plusieurs Conseils généraux, tous appartenant aux grands centres industriels ou manufacturiers, se sont fait l'écho de leurs doléances et de leurs protestations. Parmi ces derniers, il ne serait pas juste d'oublier celui de notre département.

Sans vouloir nous étendre plus longtemps sur les causes et les origines de la question qui nous occupe, nous vous demandons, Messieurs, de vouloir bien donner votre adhésion aux délibérations de toutes les Chambres de commerce qui ont abordé cette grave proposition, et ont été unanimes à la repousser.

Nous vous proposons d'adopter les conclusions suivantes :

CONCLUSIONS.

La Chambre de Commerce,

Considérant qu'aux termes de l'ordonnance du 15 novembre 1846, les chemins de fer font essentiellement partie du domaine public, qu'ils ne peuvent et ne doivent être administrés que dans l'intérêt de tous ;

Considérant qu'il résulte clairement des circulaires ministérielles en date des 15 février 1862, 29 août 1878 et 16 juillet 1880, que le rôle de l'État en matière de chemins de fer doit se borner uniquement à protéger les citoyens contre les Compagnies dans le cas où ces dernières abuseraient envers eux des priviléges qui leur ont été concédés ; enfin, à faire respecter les règlements auxquels se rattachent toutes les questions de sécurité publique et de défense nationale, en un mot, que ce rôle de l'État doit être purement tutélaire ;

Considérant que l'industrie des transports offerts au public est identique aux autres industries, et qu'elle est d'ordre essentiellement privé ; que chacun, soit à titre individuel, soit à titre collectif, peut se rendre capable de l'exercer, à la condition de se soumettre aux lois du pays ;

Considérant qu'en cet état, la décision prise par la Commission de la Chambre des Députés, dite Commission des chemins de fer, a produit dans le monde industriel et commercial une très-vive et très-légitime émotion, que l'application de son projet serait le bouleversement complet du régime économique auquel la France est redevable de l'état actuel de sa prospérité commerciale et financière ;

Considérant qu'en ce qui concerne la question des tarifs qui doit avant tout préoccuper le monde du commerce, la libre concurrence entre les Compagnies existantes peut seule amener l'abaissement de ces tarifs ; que, du reste, l'impôt qui grève encore la grande vitesse, est une des causes principales de leur élévation en ce qui concerne le transport des voyageurs et celui des marchandises qui, par leur peu de volume, exigent de la célérité ;

Considérant que l'État, maître de tout le réseau français, n'étant l'objet d'aucun contrôle et d'aucune concurrence pourrait à chaque instant modifier le taux ou l'application des tarifs, les transformer en une arme formidable d'influence envers tel pays, de faveur envers telle localité ou telle industrie, et même d'action envers les simples citoyens ;

Considérant qu'il est démontré par l'expérience des pays voisins et confirmé surabondamment par les essais que le Gouvernement a tentés et tente encore en France malgré sa déclaration à la tribune de la Chambre des Députés qu'il ne voulait exploiter aucun réseau, n'ont donné que des résultats déplorables au point de vue commercial et financier ; ces résultats ne pouvaient être amendés ultérieurement, et ne se traduiront jamais que par des aggravations de nos impôts et un accroissement inévitable de notre dette nationale ;

Considérant que toutes les industries, si précieuses à notre mouvement commercial, qui se rattachent essentiellement au mode d'exploitation des chemins de fer, telles que fabrication de rails, wagons, machines, constructions de tout genre, entreprises spéciales, etc., disparaîtraient avec lui ;

Considérant que ces industries, de concert avec les Compagnies actuelles, emploient un personnel d'élite, qui, s'il repoussait l'idée de l'investiture gouvernementale, irait porter à l'étranger l'appui de sa haute compétence, de son esprit d'innovation et de perfectionnement, et priverait ainsi l'industrie nationale du concours auquel elle est redevable de sa supériorité sur les industries rivales dans les deux Mondes ;

Considérant que l'État ayant transformé le personnel industriel et ouvrier en une légion de fonctionnaires, tous ceux qui vivent de leur industrie privée, de l'effort individuel devraient nécessairement accepter cette situation nouvelle ou disparaître ;

Considérant qu'au point de vue du contentieux, tous ceux qui auraient à formuler des plaintes, des réclamations ou à demander la réparation d'un préjudice, se trouveraient soumis, pour plaider contre l'État, à la juridiction administrative, c'est-à-dire placés vis-à-vis de leur adversaire, dans des conditions d'infériorité absolument contraires aux règles de la justice et de notre droit public ;

Considérant que le nombre des fonctionnaires est déjà excessif en France, au détriment de l'indépendance individuelle ;

Considérant que le projet de la Commission de la Chambre des Députés ayant reçu l'autorité et la consécration du fait accompli, l'État n'aurait qu'à se servir des moyens dont il serait armé, pour arriver à l'absorption successive de toutes les ressources du pays et de toutes les forces individuelles, qu'il pourrait tout aussi bien s'emparer des mines, des assurances, des banques, de l'imprimerie, de la métallurgie, des offices ministériels et de toutes les industries auxquelles l'immense majorité des citoyens emprunte ses moyens d'existence ;

Considérant que la fortune de la France, aussi bien que l'avoir individuel, est intéressée au plus haut degré au maintien et au développement de ces précieuses et fécondes facultés aujourd'hui menacées dans leur existence même par la Commission de la Chambre des Députés ;

Considérant que ce système d'innovation, s'il répond aux vœux de quelques esprits imprévoyants ou intéressés, est absolument contraire à notre droit moderne ;

Considérant que la décision prise par la Commission des chemins de fer n'est justifiée par aucun motif d'intérêt général ou de sécurité publique ; que le Gouvernement a toujours le droit de s'emparer des chemins de fer, en cas de péril national ou de nécessités stratégiques, et que les Compagnies existantes se sont montrées pendant la dernière guerre à la hauteur de toute épreuve, accumulant au contraire les gages d'un patriotisme qui a le droit de ne pas être oublié ;

Considérant que personne en France, en dehors de la Commission des chemins de fer, non-seulement ne sollicite cette réforme, mais que tous les organes de l'opinion ont été unanimes à la repousser ;

Considérant que la question dont il s'agit préoccupe déjà depuis trop longtemps l'opinion publique ; que chacun de ses retours dans les discussions parlementaires a jeté sur le marché une perturbation qui, sans parler de l'impression produite sur le public, s'est traduite, pour les porteurs de bonne foi, par des écarts désastreux dans les cours de la Bourse, lesquels ont ainsi accumulé injustement bien des ruines et favorisé des spéculations peu honorables :

La Chambre de commerce de Clermont-Ferrand supplie le Gouvernement de ne pas laisser donner suite au projet de rachat et d'exploitation par l'État des chemins de fer français, et sollicite instamment la Chambre des Députés de bannir cette question de son ordre du jour.

Vu l'importance de la question qui lui est soumise, elle délibère :

La présente décision sera imprimée et distribuée ;

Un exemplaire de la délibération sera envoyé à M. le Ministre de l'agriculture et du commerce, à son collègue au département des travaux publics, à M. le Président de la Commission des chemins de fer, à MM. les Sénateurs et Députés du Puy-de-Dôme ;

Passe à l'ordre du jour.

Fait et délibéré à Clermont, le 7 octobre 1880.

Pour copie conforme :
Le Président,
BIDEAU.

Le Secrétaire-Trésorier,
R. FAURE.

Clermont, typ. Mont-Louis.

156

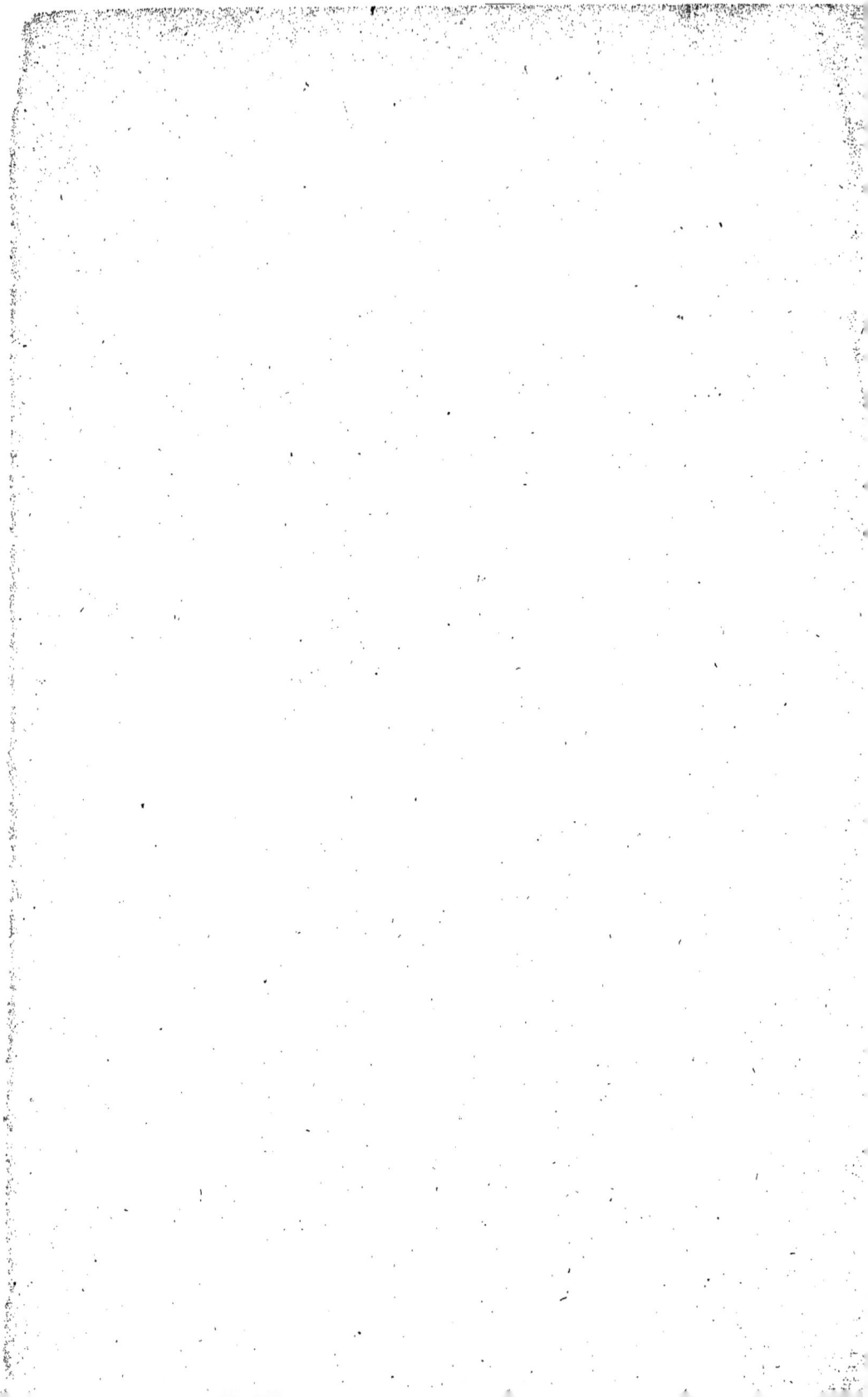

www.ingramcontent.com/pod-product-compliance
Lightning Source LLC
Chambersburg PA
CBHW070800220326
41520CB00053B/4667